Pilze und Giftpilze

Wie man leicht die Unterschiede zwischen essbaren und giftigen Pilzen unterscheidet

Worthington George Smith

Writat

Diese Ausgabe erschien im Jahr 2024

ISBN: 9789359942643

Herausgegeben von
Writat
E-Mail: info@writat.com

Inhalt

VORWORT.

„ Der Beweis der *Pilz* liegt im Essen. „Ich habe ständig jede auf der „Essbaren Liste" aufgeführte Art gegessen, und viele andere, die nicht dort aufgeführt sind. Ich denke, nur wenige werden von mir erwarten, dass ich jede auf der „Giftigen Liste" aufgeführte Art gegessen habe, die Adjektive wie „düster", „feurig", „satanisch", „entzündend" usw. trägt.

Vor Jahren lernte ich jedoch ohne richtigen Führer und mit sehr wenig Erfahrung mehr als einmal persönlich die unangenehmen Eigenschaften *einer oder zweier gefährlicher Arten kennen* . Nähere Informationen dazu finden Sie an der entsprechenden Stelle.

Verwendet man die folgenden Kurzbeschreibungen im Zusammenhang mit den beiden von mir nach der Natur abgezeichneten und auf die Steine übertragenen Zeichnungsblättern (oder in Anlehnung an die großen Zeichnungen im Bethnal Green Museum), so braucht niemand, der in der Lage ist, Dinge voneinander zu unterscheiden, zu befürchten, einen Fehler zu machen.

Zu den mir frachtfrei zugesandten Arten gebe ich gern Auskunft.

WG SMITH.

15, Mildmay Grove, London, N.

EINLEITENDE BEMERKUNGEN.

„...... Oh, wer kann das sagen Die verborgene Kraft von Hearbes und die Macht von Zaubersprüchen?" SPENSER.

Vielleicht kann kein anderes Land mit Großbritannien konkurrieren, was die große Zahl essbarer Pilzarten angeht, die zu jeder Jahreszeit von einem Ende des Landes zum anderen gesammelt werden können. Die Weiden und Wälder wimmeln buchstäblich von ihnen; sie sind jedoch (leider) wenig bekannt, werden stark vernachlässigt oder mit unberechtigtem Misstrauen betrachtet. Auch die Literatur zu diesem Thema ist so klein und der wissenschaftliche Teil der Studie so extrem schwierig zu beginnen, dass nur wenige Menschen es wagen, die Eigenschaften anderer Pilze als des Wiesenchampignon zu testen, und es gibt häufig genug Fälle, in denen sogar diese Art abgelehnt wird. Es ist offensichtlich, dass niemand ein sicherer Führer für andere sein kann, der nicht selbst ein „regelmäßiger Pilzesser" ist , und dass keine Beschreibungen oder Zeichnungen von Nutzen sein können, wenn sie nicht mit größter Sorgfalt von den Objekten selbst übernommen werden. Ich habe dies nach bestem Wissen und Gewissen versucht und möchte andere davon überzeugen, die seltenen gastronomischen Eigenschaften der abgebildeten 29 Arten zu testen. Die hier beschriebene und gezeichnete Zahl ist nur ein sehr kleiner Teil der wirklich wertvollen Arten, denn ich weiß genau, dass ich als Anfänger in der Forschung alle möglichen Fehler gemacht habe; aber mit einer Ausnahme hatte ich selten große Unannehmlichkeiten, und ich kenne sogar Fälle, in denen offenkundig giftige Arten ohne negative Folgen gegessen wurden. Beim Verzehr von Pilzen sollte man ein wenig Vorsicht walten lassen, die allzu oft vernachlässigt wird: Zum Beispiel sollten nur junge, frische und gesunde Exemplare für den Tisch gesammelt werden – denn wenn man abgestandene, halb verfaulte und wurmstichige Pflanzen wählt, können sie ebenso wahrscheinlich Verdauungsstörungen und Beschwerden verursachen wie Fleisch in einem ähnlichen Zustand; sie sollten in Maßen gegessen werden, da ein Übermaß an süßen Pilzen die Verdauungsorgane ebenso wahrscheinlich durcheinander bringt wie ein Übermaß an Gebäck. Wenn diese Vorsichtsmaßnahmen beachtet werden und eine mäßige Menge Brot, Salz, Pfeffer und gesunder Menschenverstand verwendet werden, muss kein Unfall passieren. Lassen Sie die Exemplare so bald wie möglich nach dem Sammeln kochen.

Obwohl die folgende Aussage schwer zu verstehen sein mag, ist es dennoch eine Tatsache, dass viele Männer *überhaupt nicht wissen, was ein Pilz ist, aber alles essen* . Ich gebe ein Beispiel: Vor ein oder zwei Jahren kochte ein Mann im Norden Englands eine große Menge sogenannter Pilze zum Abendessen und vergiftete dabei erfolgreich seine Frau und seine Familie *und* sich selbst fast zu Tode. Einige der Dinge, die er gekocht hat, wurden mir zur Identifizierung geschickt, und siehe da! er hatte alles gesammelt, was er in die Finger bekommen konnte; groß und klein, süß und übel – von Pferdemist und morschen Lattenzaun, und wo immer er irgendetwas finden konnte, das einen Stiel und eine Spitze hatte, die einem Regenschirm ähnelte. Als er seine Familie begraben und seine eigene Gesundheit wiedererlangt hatte, lief er achtlos in einen Brunnen und tötete oder beschädigte sich schwer – ich weiß nicht mehr, was. Ich erwähne das, um zu zeigen, was für Männer es sind, die sich mit Pilzen vergiften. Sie würden sich mit allem anderen vergiften, wenn sie die Gelegenheit dazu hätten; würde unter ein Wagenrad geraten oder irgendeine absurde Sache tun.

Die 29 Arten, die auf dem „Essbaren Blatt" abgebildet sind, kommen größtenteils häufig vor und sind sofort erkennbar, wenn man sie sieht, und jede einzelne ist ein gesundes und köstliches Nahrungsmittel voller Aroma und Geschmack. Ich lade meine Leser ein, an dem üppigen Fest teilzunehmen, das auf unseren saftigen Weiden und schattigen Wäldern im ganzen Land für alle, die daran teilnehmen möchten, verbreitet wird.

„Pilze und Giftpilze." – Diese beiden Wörter umfassen das gesamte Wissen der Bevölkerung über die riesige Pilzvielfalt dieses Landes. Nehmen wir beispielsweise den Pilztypus, so gibt es etwa siebenhundert Arten, die alle eine gewisse allgemeine Ähnlichkeit in der Form aufweisen. Dies hat viele dazu veranlasst, Pilze allgemein als zweideutige Produkte zu betrachten, die sich nur schwer oder gar nicht als dauerhafte Arten unterscheiden lassen. Wenn man sich jedoch einmal ernsthaft mit dem Studium befasst, wird der Student bald feststellen, dass die Arten in der Regel sehr deutlich und dauerhaft gekennzeichnet sind, sodass die Erkennung der meisten von ihnen so sicher ist wie bei jeder anderen Art von Blütenpflanze.

Wenn man die Gesamtheit der britischen Pilze erforscht, so stößt man freilich auf viele Schwierigkeiten, denn wir finden, dass einige Pflanzen den Algen sehr nahe kommen, andere den Flechten; aber wenn nur die größeren Pilze unterschieden werden sollen, ist die Aufgabe viel einfacher, da die Zahl auf etwa zwölfhundert Arten begrenzt ist. Wenn man die Ordnungen AGARICINI und POLYPOREI (einschließlich mehr als acht der zwölfhundert Arten) als grobe Art der größeren Pilze betrachtet, erkennt man, dass diese Pflanzen hauptsächlich aus einem Stamm und einer Kappe bestehen. Im Gegensatz zur Blütenpflanze hat der Pilz keine Wurzel; sondern stattdessen das Myzel oder die Brut, aus der der Pilz hervorgeht. Unter der Oberseite befinden sich bestimmte Kiemen oder Platten, Röhren, Poren oder Stacheln, die die Sporen (oder Samen) tragen. Diese Sporen unterscheiden sich von echten Samen dadurch, dass sie keinen Embryo haben, sondern lediglich aus einer *zweischichtigen Zelle ohne Spuren eines Embryos bestehen* . Bei diesen Sporen handelt es sich um mikroskopisch kleine Objekte unterschiedlicher Form, Größe und Farbe. Man sagt, dass die Produktion einer einzigen Pflanze die enorme Zahl von zehn Millionen erreicht; Wenn sie auf die Erde oder eine geeignete Matrix fallen, keimen sie und bilden den Keim, der schließlich einen jungen Pilz hervorbringt, das genaue Gegenstück zum ursprünglichen Erzeuger der Sporen.

Wir haben nur eine Art, die im Volksmund als eskulent gilt, nämlich den Gemeinen Wiesenpilz (*Agaricus campestris*). Ein sehr enger Verbündeter des „Wiesenpilzes" und im frischen Zustand eine äußerst köstliche Art – nämlich der sogenannte „Pferdepilz" (*Agaricus arvensis*) – *wird von* der Landbevölkerung fast immer als gefährlich abgelehnt . Diese große und gesunde Art wird auf dem Covent Garden Market häufig als echter Pilz verkauft, wo sie, sofern *frische* Exemplare erhältlich sind, eine willkommene Ergänzung auf dem Tisch ist. Der Feenring-Champignon (sicherlich einer der köstlichsten aller unserer Pilze) wird im Allgemeinen vernachlässigt oder mit großem Misstrauen betrachtet. Unter dem Namen „Champillion" ist es jedoch den Webern und Arbeitern im Osten Londons gut bekannt, die man jeden Herbsttag in beträchtlicher Zahl dabei beobachten kann, wie es im kurzen Gras des Victoria Parks sammelt. Die duftende und köstliche „Chantarelle", die „seltene Morchel" und der süße und zarte Riesen-Puffball werden fast überall beiseite *geschoben* oder ganz vernachlässigt. Zu den *angeblich* beliebten Arten gehört *Agaricus personatus* , der angeblich auf dem Covent Garden Market verkauft wird. Ich habe es dort noch nie gesehen oder von seiner Anwesenheit gehört. Im Westen Englands und an einigen anderen Orten habe ich gehört, dass diese Pflanzen „Blue-its" (Blewits) genannt werden, in Anlehnung an die blaue Farbe rund um den oberen Teil des Stängels. Es ist eine äußerst reichhaltige und köstliche Art und sollte besser bekannt sein; aber ich stelle mir vor, dass es eher ungewöhnlich ist, da ich es selten gesammelt habe; obwohl es bis vor Kurzem in der Nähe von Highbury Barn wuchs. Der St.-Georgs-Pilz (*Agaricus gambosus*) , der im Frühling auf unseren Rasenflächen und Weiden wächst , ist wenig bekannt und wird sehr selten gegessen. Eng mit *A. personatus* verwandt , ist es, wenn möglich, köstlicher und kann für den Wintergebrauch leicht getrocknet werden. Der halbbeliebte Schuppenpilz *Agaricus procerus* (mit Ausnahme von Fungologen) ist nur sehr wenigen bekannt, aber seine eskulierenden Eigenschaften sind von sehr hoher Qualität, und er hat den Vorzug, häufig vorzukommen. Angeblich wird es manchmal auf dem Covent Garden Market verkauft, aber ich habe es dort noch nie gesehen und kenne auch niemanden, der es gesehen hat. Mit dem Trüffel muss die Liste der Pilze abgeschlossen werden, die hin und wieder in Ausnahmefällen verzehrt werden oder denen einige, die sich nicht mit dem Thema befasst haben, möglicherweise nur unvollständig bekannt sind. Diese Art kommt auf unseren Märkten in begrenzten Mengen vor (es besteht nur eine sehr geringe

Nachfrage) und wird ab 2 *s produziert. 6 Tage* bis 5 *s.* pro Pfund. Die Aussage, dass sie ab 15 *s abrufen.* bis 20 *s.* pro Pfund auf den Londoner Märkten ist meines Erachtens falsch. Es muss auch daran erinnert werden, dass unsere englischen Trüffel nicht zur gleichen Art gehören wie die köstlichen Trüffel, die auf den französischen Märkten verkauft werden.

Es gibt keine andere Möglichkeit, einen giftigen von einem essbaren Pilz zu unterscheiden, als seinen Namen herauszufinden; Es gibt keine magische Möglichkeit, sich die Mühe des Lernens zu ersparen, indem man einen silbernen Löffel in einen Eintopf steckt. Wenn beim Verkosten eines Pilzes dieser auf der Zunge brennt, ähnlich wie bei Kontakt mit kochendem Wasser (was bei mehreren Arten der Fall ist), ist die Wahrscheinlichkeit groß, dass er nicht essbar ist; Wenn aber eine Art im Gegenteil einen köstlichen und einladenden Duft verströmt, der an Früchte, Gewürze oder frisches Mehl erinnert, ist es wahrscheinlich einen Versuch wert, und selbst *wenn es nicht* auf dem „Essbaren Blatt" steht, kann es mit Vorsicht probiert werden Tisch, falls gewünscht.

Ein wichtiges bei Pilzen zu beobachtendes Merkmal ist das Vorhandensein einer Volva oder Matrix an der Basis des Stängels (vorhanden in Abb. 7 und 8, nicht vorhanden in Abb. 11 und 12, Giftblatt) und im Anulus oder Ring rund um den Stängel zur Spitze hin (vorhanden in Abb. 1 und 7, nicht vorhanden in Abb. 14 und 15, Giftblatt). Bei der Bestimmung der Arten hängt auch viel von der Farbe der Sporen oder Samen ab. Diese erhält man leicht, indem man den Stängel der zu untersuchenden Art entfernt und die oberen Lamellen nach unten auf ein Stück Glas legt. Nach wenigen Stunden werden die Sporen zu dickem Staub abgelagert und variieren (je nach Art) von reinweiß bis rosa, gelb, rot, braun, violett oder tiefschwarz. Die Lamellen erhalten ihre Farbe oft von den Sporen. Es ist ein großer Irrtum anzunehmen, dass der „Plötzlichpilz" in einer einzigen Nacht wächst. Das Wachstum von Pilzen dauert eine beträchtliche Zeit – oft viele Wochen. Die jungen Pilze leben knapp unter oder auf der Erdoberfläche in einem komprimierten und verengten Bereich. Während dieser Zeit werden alle Zellen gebildet und der Pilz selbst geformt; da er jedoch in komprimierter und konzentrierter Form vorliegt, wird er üblicherweise übersehen. Bei Einbruch einer nassen oder feuchten Nacht dehnen sich die Zellen, aus denen der Pilz besteht, aus und strecken sich aus, und der Pilz wird folglich beträchtlich über die Oberfläche der Weide hinausgeschoben; obwohl er jedoch viel größer ist, ist er nicht schwerer, und auch die Masse selbst hat nicht erheblich zugenommen. Pilze können künstlich aus Samen oder Sporen vermehrt werden, aber im Allgemeinen nicht während der ersten Saison des Auswachsens. Ich habe die zerbrechlichen und zerfließenden Arten, die häufig auf Dünger vorkommen, häufig aus Samen gezogen; aber selbst wenn der Pilzbrut erst einmal gebildet ist, dauert es oft viele Wochen, bis die kleinen Köpfe die wahre Gestalt der Eltern annehmen, selbst bei den tintenfarbenen, flüchtigen und zerfließenden Arten. *Coprinus atramentarius* kann leicht aus Sporen gezogen werden; Wenn man sie im Herbst um morsches Holz pflanzt, erscheinen die Pilze im Spätfrühling und bringen zwei Ernten pro Jahr, bis der Boden erschöpft ist. Ich habe eine kultivierte Variante dieser Art bei den Versammlungen der Royal Horticultural Society ausgestellt.

Ich habe es nicht für nötig gehalten, lange Beschreibungen darüber zu wiederholen, wie die verschiedenen Arten gekocht werden können oder nicht; es wurde bereits in großem Umfang durchgeführt. Es ist offensichtlich, dass die Zugabe von „guter Rindersoße", „ein paar Scheiben Geflügel", „reichhaltiger Kalbsfüllung" und verschiedenen anderen herzhaften Gewürzen einem Pilzgericht gelegentlich eine zusätzliche Würze verleihen muss; aber gegrillt, gedünstet oder eingelegt sind die meisten Arten „immer gleich gut"; In der Tat ähneln Pilze in ihrer gesamten Zusammensetzung auf so bemerkenswerte Weise Fleisch, dass alle Kochmethoden, die für delikate Fleischzubereitungen in Mode sind, in gleicher Weise auf Pilze anwendbar sind. Frau Hussey und Herr Cooke geben jeweils eine große Anzahl von *Rezepten* für die Zubereitung dieser Gemüsesorten für den Tisch; Und jeden Leser, der tiefer in den kulinarischen Zweig der Fungologie eintauchen möchte, muss ich auf diese Autoren verweisen. Ich muss gestehen, dass meiner Meinung nach keine Pilzzubereitung den köstlichen, einladenden und wohltuenden Geschmack übertreffen kann, den Pilze haben, wenn sie einfach mit Butter, Salz und Pfeffer gebraten werden.

Die verschiedenen Arten, die sich für die spätere Verwendung eignen – etwa Morcheln, Champignons usw. – können problemlos im Luftstrom, an einem sonnigen Fenster oder in einem kühlen Ofen getrocknet und dann in Dosen oder Fäden aufbewahrt werden an Schnüren befestigt und an einem sehr trockenen Ort aufbewahrt. Gelegentlich geht dieser Prozess noch einen Schritt weiter und die Pilze (jeglicher Art) werden so weit getrocknet, dass sie leicht pulverisiert werden können; Der Staub wird dann als „Pilzpulver" bezeichnet und verkauft. Hausfrauen legen ab und zu Pilze ein, indem sie sie in kochenden Essig werfen, etwa zehn Minuten kochen lassen und sie dann durch Zugabe von Cayennepfeffer, Muskatnuss, Muskatnuss oder Gewürzen an ihren jeweiligen Geschmack anpassen.

Der aus den verschiedenen Speisepilzen gewonnene Likör wird unter dem Namen „Ketchup" in jeder Küche verwendet und die Zubereitungsart ist wohl jedem bekannt. Es besteht einfach darin, die frisch gepflückten Pflanzen in Tonkrüge mit Salzschichten zu legen; nach ein paar Stunden scheidet der Ketchup reichlich aus den Pilzen aus; und der Vorgang wird schließlich durch das Zerdrücken der Pilzreste mit den Händen abgeschlossen. Anschließend sollte es abgeseiht und mit Gewürzen und Pfeffer aufgekocht werden, oder abgeseiht und in Flaschen abgefüllt werden, und die verkorkten und verkalkten Flaschen mehrere Stunden lang in kochendes Wasser gelegt werden. Anschließend sollte der Ketchup an einem kühlen und sehr trockenen Ort aufbewahrt werden.

Nahezu jede auf dem essbaren Blatt abgebildete Art ergibt Ketchup von guter Qualität, wenn sie in einem irdenen Gefäß mit Salz behandelt wird. Besonders hervorzuheben ist der Champignon- und Pferdepilz, der dieses Gewürz von ausgezeichneter Qualität hervorbringt.

Der Saft, der beim Kochen aus der Trüffel austritt, wird von vielen sehr geschätzt, ebenso wie der tief blutrote Saft, der beim Schneiden aus dem „Leberpilz" austritt. Mit Salz und Pfeffer gewürzt und gekocht hat dieser einen sehr köstlichen und anregenden Geschmack.

Seit diese Anmerkungen und die folgenden Beschreibungen verfasst wurden, hat mir mein Freund, der Architekt FC Penrose, eine Liste mit 28 Arten gesandt, die er gegessen hat. Die meisten davon sind auf dem „Essbaren Blatt" aufgeführt. Auf die anderen von ihm erwähnten und auf dem Blatt nicht aufgeführten Arten wird in den Beschreibungen Bezug genommen.

Die Nomenklatur der Art entspricht der von Reverend MJ Berkeley in seinen „Outlines of British Fungology" angegebenen Bezeichnung. Die dem *wissenschaftlichen* Namen nachgestellten Zahlen beziehen sich auf meine großen Zeichnungen in der Lebensmittelabteilung des Bethnal Green Museums, wo sich der Student auf Wunsch sezierte Exemplare der Art ansehen kann.

ESSBARE PILZE.

Rotfleischiger Pilz. <u>Abb. 1.</u>

(*Agaricus* [*Amanita*] *rubescens.*) 7.

Diese Art kommt im Allgemeinen in allen *Waldgebieten häufig vor* , tritt zum ersten Mal im Frühsommer auf und bleibt bis zum Spätherbst bestehen. Man erkennt ihn an seinem braunen, warzigen Oberteil, seinen weißen Kiemen und dem perfekten Ring, der den Knollenstiel umgibt. Es erreicht häufig eine große Größe und seine gesamte Substanz verfärbt sich bei Berührung, Quetschung oder Bruch *sienarot* . Diese Art ist eine der schönsten und wertvollsten aller britischen Pilze. Wenn darauf geachtet wird, nur junge und frische Exemplare auszuwählen, wird es sich bei der Zubereitung für den Tisch als sehr leichte und delikate Ergänzung zu jeder Mahlzeit erweisen. Herr Berkeley befürwortet nicht die Vorzüglichkeit dieser Art; Aber aus eigener Erfahrung und der vieler Freunde *weiß ich, dass es köstlich und vollkommen gesund ist* . Herr Penrose schreibt mir: „ *Alte Exemplare* sind sehr unverdaulich." Ich kann mir vorstellen, dass dies das ganze Geheimnis seines fragwürdigen Namens für einige enthält, die es ausprobiert haben (oder nicht).

Essbarer Röhrenpilz. <u>Abb. 2.</u>

(*Boletus edulis.*) 610.

Dieser Pilz erreicht häufig enorme Ausmaße und kommt erstmals während der Sommer- oder frühen Herbstregenfälle vor. Er ist eine unserer häufigsten und köstlichsten Arten. Wie der letzte wächst er in Wäldern und Forsten und kann sofort an den folgenden Merkmalen erkannt werden: Er ist im Allgemeinen sehr kräftig, mit einer glatten, umbrafarbenen, kissenförmigen Spitze, Röhren, die zunächst weiß und schließlich blass gelblich-grün sind; der Stiel ist weißlich-braun, mit einem *winzigen* weißen und sehr eleganten netzartigen Netzwerk gezeichnet, hauptsächlich in der Nähe der Spitze des ringlosen Stiels; wenn er geschnitten oder gebrochen wird, bleibt der fleischige Körper der Pflanze rein weiß. Wie bei jeder anderen Art sollten auch hier gesunde junge Exemplare ausgewählt werden, und es ist vielleicht auch gut, die Röhren vor der Zubereitung für den Tisch abzukratzen. Ob gekocht, mit Salz, Pfeffer und Butter gedünstet, gebraten oder mit Zwiebeln und Butter geröstet, diese Art erweist sich als eines der köstlichsten und zartesten Lebensmittel, die jemals gekocht wurden. Es ist nicht die Pflanze, auf die sich die alten römischen Satiriker bezogen; Aber im heutigen Rom wird diese Art zusammen mit Pfirsichen und *Agaricus cæsareus* an jeder

Straßenecke verkauft, während unser gewöhnlicher Wiesenchampignon, obwohl er dort in großer Menge vorkommt, unbeachtet bleibt.

B. scaber (615) wird manchmal gefressen. Aus eigener Erfahrung sagt Herr Penrose: „Junge Exemplare sind gut – alte, sehr flach."

B. æstivalis (612) ist von seltener Exzellenz; Es erscheint im Frühsommer, manchmal in großer Menge, in Highgate.

Bevor ich *B. edulis richtig kannte* , aß ich fälschlicherweise alle Arten von *Steinpilzen* , *insbesondere B. chrysenteron* .

Variabler Pilz. Abb. 3.

(*Russula heterophylla.*) 522.

Dies ist eine in Wäldern sehr häufig vorkommende Art, die an ihrem süßen, nussigen Geschmack, ihren weißen, starren, manchmal verzweigten Lamellen, ihrem weißen Fleisch, ihrem weißen, festen, fleischigen, ringlosen Stamm und ihrer festen, in der Farbe variablen Spitze, die zunächst konvex und schließlich konkav ist, zu erkennen ist. Die Farbe der dünnen, klebrigen Haut, die die Spitze des Pilzes bedeckt, ist normalerweise gedämpftes Grün, aber (wie der Name schon sagt) ist die Farbe variabel: Mal nähert sie sich Grüngelb oder Lila und mal Grau oder dunklem Purpur; sie ist jedoch so häufig und gut ausgeprägt, dass man sie mit Hilfe der Abbildung nicht mit etwas anderem verwechseln könnte. Es gibt eine *kräftigere* , starrere Pflanze mit gegabelten Lamellen und bitterem Geschmack (R. *furcata*), die man besser meidet. Eine dritte grüne Täublingart (R. *virescens*), die sofort an ihrer starren Substanz zu erkennen ist, deren Spitze in große, raue, smaragdgrüne Flecken zerfällt und die keine klebrige Haut hat, ist eine ausgezeichnete Ergänzung für den Tisch.

Russula heterophylla wird von vielen hoch geschätzt und ist sicherlich eine der süßesten und mildesten Arten, die wir haben. Es schmeckt hervorragend im Ofen gedünstet, mit Salz, Pfeffer und Butter, zwischen zwei Gerichten.

Kerze Clavaria. Abb. 4.

(*Clavaria vermiculata.*) 843.

Diese Art kommt bei nassem Herbstwetter häufig sehr häufig auf Weiden und Wiesen, auf Rasenflächen und an Wegrändern vor. Es wächst in Bündeln; ist spröde; Die Keulen sind spitz und sehr *weiß* . Wenn ein paar Bündel gesammelt, gereinigt und gedünstet oder gegrillt werden, bilden sie eine neuartige und schmackhafte Ergänzung zu jedem Gericht, und wenn sie einmal probiert wurden, werden sie in Zukunft sehnsüchtig gesucht. Farbige *Clavarias* sollten besser dort bleiben, wo sie wachsen, da ihre gastronomischen Qualitäten zweifelhaft sind.

Wiesenpilz. <u>Abb. 5.</u>

(Agaricus [Psalliota] campestris.) 316.

Über diese Art, die einzige, die in diesem Land allgemein als essbar anerkannt ist, könnte ein umfangreiches Buch geschrieben werden. Er ist auf üppigen Wiesen überall, vielleicht sogar auf der ganzen Welt, verbreitet und variiert auf bemerkenswerte Weise, indem er sich in unmerklichen Abstufungen dem Pferdepilz (<u>Abb.) annähert und mit ihm verschmilzt. 9 </u>: Seine Varietäten zeichnen sich durch fünf oder sechs verschiedene Namen aus, aber die Charaktere stoßen so sehr ineinander und sind häufig so unbedeutend und vergänglich, dass sie oft schwer zu erkennen sind. Eine Form wächst in Wäldern (*A. silvicola*). Ich habe es oft in den Wäldern von Highgate gesammelt, aber aufgrund seines verdächtigen Aussehens würde ich seine allgemeine Verwendung nicht empfehlen; obwohl ich es oft ohne negative Auswirkungen gegessen habe. Es gibt eine andere sehr schöne Sorte, die ich häufig auf den Wiesen an der Südseite von Lord Mansfields Wäldern in Hampstead gesammelt habe (*A. pratensis*), mit einer sehr haarigen Spitze, deren Haare in hermelinähnlichen Flecken gruppiert sind. Wenn es zerbrochen wird, nimmt das Fruchtfleisch eine blasse, aber leuchtend rosa Farbe an. Wenn möglich, übertrifft diese Form an Exzellenz und pikantem Geschmack die übliche Form unserer Weiden. In Beeten und Öfen werden mehrere sehr unterschiedliche Sorten angebaut, die gelegentlich auf unseren Märkten erscheinen. Aber keiner übertrifft unseren köstlichen einheimischen Wiesenpilz, wie er im Herbst auf fruchtbaren Weiden zu finden ist.

Gute Pilze erkennt man an ihren schönen rosa Lamellen (in diesem Zustand sind sie am besten zum Verzehr geeignet), die schließlich dunkelbraun werden und nicht bis zum Stiel reichen, der einen gut erkennbaren weißen Wollring trägt; an der sehr fleischigen, mit Daunen bedeckten Spitze, dem köstlichen und verführerischen Duft und dem festen weißen Fleisch, das manchmal ins Rosa tendiert, wenn man es schneidet oder bricht: Die Pflanze ist in diesem Land so bekannt und so hoch geschätzt, dass es kaum nötig ist, ein Wort zu ihrer Gunsten zu sagen oder Methoden zu wiederholen, wie sie für den Tisch zubereitet wird. Butter, Gewürze, Petersilie, süße Kräuter, Salz, Pfeffer und manchmal der Saft einer Zitrone scheinen am gefragtesten zu sein; aber ob gekocht, eingelegt, gedünstet, gebraten oder auf andere Weise zubereitet, sie sind in allen Fällen gleichermaßen köstlich. Sie sind selten auf dem Covent Garden Market zu finden; die Händler dort sind zufrieden, wenn sie abgestandene Pferdechampignons zu einem hohen Preis verkaufen können. Über den apokryphen „Inspektor der römischen Märkte", der Pilze in den Tiber liefert, wurde verschiedentlich viel geschrieben, die Tatsachen wurden jedoch stark übertrieben. *Agaricus campestris* wird in Italien im Allgemeinen nicht geschätzt, selten gegessen und taucht nie auf den Märkten auf, aus dem einfachen Grund, dass er sich nicht verkaufen würde. Es gibt ein Edikt, das besagt, dass bestimmte Pilze in den Tiber geworfen werden sollen, aber dieses ist jetzt und schon seit langem völlig verfallen; und obwohl es auf den italienischen Märkten eine Fülle von *A. cæsareus* (von manchen als der köstlichste aller Pilze bezeichnet) gibt, ist nicht zu erwarten, dass der Verzehr dieser letzteren Pflanze zugunsten einer anderen, weniger bekannten Art aufgegeben wird. Es ist wahrscheinlich, dass *Agaricus cæsareus* eines Tages in den südlichen Teilen des Landes zu finden sein wird; Wenn ja, ist er an seiner glatten, *warzenlosen* purpurroten Spitze, seinen gelben Lamellen und dem kräftigen weißen Stiel zu erkennen, der an der Basis aus einer großen Hülle entspringt (wie Abb. 7, Giftiges Blatt).

Der Ketchup aus dem Wiesenpilz gilt nicht ohne Grund als der beste, obwohl er auch aus vielen anderen Arten gewonnen werden kann. Ich habe Leute gesehen, die Pilze für Ketchup sammelten (um sie auf den Märkten zu verkaufen) und fast alles in ihre Körbe legten, solange die Art geeignet schien, einen schwarzen Saft zu produzieren.

Ich kenne Kühe, die Pilze sehr mögen; und ein Freund von mir auf dem Land (der mehr als einmal gesehen hat, wie seine Kühe morgens von Pilz zu Pilz wandern, bis alle verzehrt sind) geht jeden Morgen im Herbst regelmäßig über seine Weiden, bevor das Vieh abgegeben wird. um die erste Ernte der Pilzernte zu sichern. Schafe, Eichhörnchen, Vögel und viele andere Tiere fressen häufig rohe Pilze und andere Pilze.

Gelbkiemenpilz. Abb. 6.

(*Russula alutacea.*) 536.

Dies ist einer der Hauptschmuck unserer Wälder im Sommer und Herbst und ist leicht an seinen dicken Kiemen zu erkennen, die eine gedämpfte, aber deutlich gelbbraune Farbe haben, und an der etwas klebrigen roten oder blasskarmesinroten Spitze. Der Stiel ist kräftig, weiß oder rosafarben, ringlos und fest; Die ganze Pflanze ist fleischig und oft sehr groß. Die Kiemen unterscheiden ihn sofort vom Brechpilz (Abb. 21, Giftblatt), da sie bei letzterem reinweiß sind und immer so bleiben; Es gibt auch andere große Unterschiede zwischen den beiden Arten, die in der Beschreibung des Brechpilzes erwähnt werden.

Der Geschmack von *Russula alutacea* ist besonders angenehm und mild, und bei guter Zubereitung auf den Tisch erweisen sich nur wenige Arten als zufriedenstellender für den Verbraucher. Dr. Badham macht (aus Versehen) eine Ausnahme.

Gefurchtes Clavaria. Abb. 7.

(*Clavaria rugosa.*) 827.

Diese an waldreichen Standorten häufig vorkommende Art ist normalerweise reinweiß, blassgrau oder cremefarben schattiert; Die Keulen sind unregelmäßig, etwas faltig und zäh. Wenn es auf die gleiche Weise wie *C. vermiculata behandelt wird* , wird es sich als gleichermaßen akzeptabel, angenehm und neu erweisen. Es wird angenommen, dass alle Arten mit weißen Sporen essig sind.

Ich habe es nicht mit *C. coralloides versucht* , einer verwandten Art, die stark verzweigt ist, aber als Eskulent geschätzt wird.

Pfifferling. Abb. 8.

(*Cantharellus cibarius.*) 539.

Der Pfifferling kann nicht als sehr häufig bezeichnet werden, kommt aber in vielen Gegenden reichlich vor; Sein fester, ringloser Stamm, der fleischige Körper, die dicken, geschwollenen Adern anstelle der Kiemen und die leuchtend gelbe Farbe dienen sofort dazu, ihn von allen anderen Arten zu unterscheiden. „Sein Geruch", sagt Berkeley, „ist wie der von reifen Aprikosen." Manchmal (wie ich oft in Epping Forest und anderswo gesehen habe) wachsen riesige Mengen zusammen; zu anderen Zeiten sind es sehr wenige. Pfifferlinge bedecken oft eine Hecke, in deren Nähe Bäume stehen; und wo immer sie auftauchen, müssen sie die Bewunderung des Passanten auf sich ziehen, denn sie sehen aus, als wären sie aus massivem Gold. Beim Kochen hat diese Art einen reichen, pilzartigen Geschmack, der ihr ganz eigen ist, und kann je nach Geschmack des Verbrauchers auf verschiedene Weise für den Tisch zubereitet werden: Da sie jedoch groß und fest ist, sollte sie zerschnitten werden; und wenn es gedünstet ist, leicht köcheln lassen und mit Pfeffer, Salz und Butter servieren. Es gibt eine merkwürdige, dünne, blasse, schlanke Sorte, die auf Weiden in der Nähe alter Baumstümpfe wächst und die ich noch nie gegessen habe, und aufgrund ihres merkwürdigen Aussehens, ihres Lebensraums und ihrer vergleichsweisen Seltenheit halte ich es kaum für ein Experiment, aber vielleicht ist es so eskult. Es gibt eine sehr helle, fast weiße Sorte des Pfifferlings, und zwar ganz ohne Aprikosengeruch.

Pferdepilz. Abb. 9.

(*Agaricus* [*Psalliota*] *arvensis.*) 317.

Diese Art, der *A. exquisitus* von Dr. Badham, ist sehr eng mit dem Wiesenchampignon verwandt und wächst häufig mit ihm zusammen, aber er ist gröber und hat nicht dasselbe köstliche Aroma. Er ist normalerweise viel größer und erreicht oft enorme Ausmaße; und er wird bräunlich-gelb, sobald er zerbrochen oder gequetscht wird. Die Oberseite guter Exemplare ist glatt und schneeweiß; die Lamellen sind nicht rein rosa wie beim Wiesenchampignon, sondern schmutzig bräunlich-weiß und werden schließlich braun-schwarz. Er hat einen großen, zerfetzten, flockigen Ring und sein markiger Stiel ist eher hohl. Es ist *die* Art, die auf dem Covent Garden Market zum Verkauf angeboten wird. Tatsächlich habe ich, obwohl ich den Markt seit vielen Jahren kenne, dort selten eine andere Art gesehen; wenn jedoch der echte Champignon da *ist* , ist er häufig mit Pferdechampignons vermischt, was darauf hindeutet, dass die Händler den einen nicht vom anderen unterscheiden können. An den nassen Herbsttagen gehen Kinder, Faulenzer und Bettler ein paar Meilen von der Stadt in die Wiesen, um alles zu sammeln, was sie im Pilzangebot finden können; Dann bringen sie ihre schmutzige Ware auf den Markt, wo sie sie an modebewusste Käufer verkauft: abgestanden, fade und ohne jeden Geschmack, außer einem schlechten.

Jung und frisch ist der Pferdepilz eine äußerst begehrte Ergänzung auf der Speisekarte; er ergibt eine reichhaltige Soße und sein Fleisch ist fest und köstlich. Frisch geerntet ist er eine wertvolle Pflanze; wenn er jedoch abgestanden ist, wird er zäh und ledrig und verliert sein Aroma oder seinen Saft.

Es gibt eine merkwürdige große, braune, haarige Sorte, die eher selten vorkommt und der haarigen Sorte des Wiesenchampignon, dem *A. villaticus* von Dr. Badham, ähnelt (der von Rev. MJ Berkeley irrtümlich als Sorte des Wiesenchampignon angegeben und inzwischen von ihm korrigiert wurde). Es ist eine prächtige Pflanze, aber, glaube ich, sehr selten. Ich habe sie nur einmal gesehen.

Es gibt auch eine andere große, siena-rote, üppig aussehende Sorte, die ich oft an bestimmten Stellen unter Bäumen usw. gesammelt habe und die nur wenige essen würden; sie ist wahrscheinlich ein üppiges, überwuchertes, unangenehmes Ding, das einem Bauchschmerzen bereiten würde, und es lohnt sich nicht, anstelle einer besseren Art damit zu experimentieren.

Viele Landbewohner unterscheiden den Wiesenchampignon problemlos vom Pferdechampignon und haben eine große Abneigung gegen letzteren, obwohl sie ihn immer gerne als eine der Zutaten für Ketchup ins Glas geben. Über die Vorzüge dieser Art gehen die Meinungen offenbar weit auseinander. Mr. Penrose schreibt: „Ich halte junge und besonders knopfgroße Exemplare davon für sehr unverdaulich; bis sie richtig geöffnet sind, sind sie nicht zum Verzehr geeignet." Das ist jedoch nicht meine Erfahrung mit knopfgroßen Exemplaren, muss ich sagen.

Sowohl diesem Pilz als auch seinem Brut haftet ein starker Geruch an, wobei der Boden direkt unter der Oberfläche häufig weiß ist. Wenn Pferdemist auf einer reichhaltigen Weide, auf der sich grasfressende Tiere aufhalten, beiseite geworfen wird, weist die Erde aufgrund der Laiche dieser Art häufig eine schneeweiße Farbe auf, aus der man die jungen Individuen schlüpfen sehen kann. Das abgebildete Exemplar ist nicht vollständig ausgebaut, wird aber in dem für die Tabelle besten Zustand dargestellt.

Ich habe einmal gesehen, wie ein Schaf ein großes Exemplar scheinbar mit großem Eifer gefressen hat, obwohl der Pilz voller Maden war.

Tannenzapfenpilz. <u>Abb. 10.</u>

(*Agaricus* [*Amanita*] *strobiliformis.*) 5.

Wenn man von der Farbe absieht, wächst auf dem Land keine schönere Art von Blätterpilz als diese. Er erreicht in gut gewachsenen Exemplaren eine sehr große Größe, ist aber selten. Ich habe ihn nur einmal gefunden, und damals war er ziemlich reichlich entlang der Ränder einer Tannenplantage in Hampshire, nicht weit von Winchester, verstreut. Das feste, kompakte Fleisch, der feine Ring, der bauchige Stiel und die fleckige Spitze kennzeichnen diese Art deutlich. Die hartnäckigen Flecken auf der Spitze sind den Schuppen eines Tannenzapfens nicht sehr unähnlich, daher der spezifische Name; die Lamellen reichen nicht bis zum Stiel.

Seine unbestrittenen, köstlichen Eigenschaften sind von hoher Qualität, und es ist bedauerlich, dass seine relative Seltenheit verhindern muss, dass er so bekannt und geschätzt wird, wie seine Vorzüge es verdienen. Das abgebildete Exemplar ist nicht vollständig entfaltet, zu diesem Zeitpunkt haben die meisten Pilze ein volleres Aroma.

Eine sehr verbreitete Art des *Fliegenpilzes* (*A. vaginatus*), die als essbar gilt (und von Herrn Penrose gegessen wird), habe ich nicht probiert.

Orangenmilchpilz. <u>Abb. 11.</u>

(*Lactarius deliciosus.*) 502.

Es gibt nur wenige Arten der *Lactarius* oder Milchpilzgruppe, die für kulinarische Zwecke empfohlen werden können. Diese Art und <u>Abb. 26</u> sind jedoch Ausnahmen und man kann den Orangemilchpilz nicht mit anderen Arten verwechseln. Man erkennt ihn sofort an der orangefarbenen Milch, die er absondert, wenn man ihn quetscht, aufschneidet oder zerbricht; diese Milch wird bald mattgrün. Die Pflanze ist fest, fast korkig und die farbenprächtige Spitze ist häufig, aber nicht immer, mit dunkler gefärbten Zonen gezeichnet, wie in der Abbildung. Er wächst stets in Tannenplantagen und ich habe ihn auf der Kentish Town-Seite von London gefunden, fast bevor der Rauch der Stadt hinter sich gelassen wird. Er ist einigermaßen lokal, obwohl er manchmal in großen Mengen wächst, aber immer zwischen Tannen. Wie bei mehreren anderen hervorragenden Arten ist der Geschmack im rohen Zustand manchmal ziemlich scharf.

Wenn er mit Geschmack und Sorgfalt zubereitet wird, ist er eine der größten Delikatessen des Pflanzenreichs, da sein Fleisch knuspriger und fester ist als bei vielen anderen Arten.

Ein oder zwei Milchpilze, die man besser meiden sollte, haben eine schwefelfarbene Milch oder eine Milch, die sich in eine schwefelfarbene oder gebrannte Siena-Farbe verwandelt; sie sind auf dem Giftblatt abgebildet, Abb. 20 und 28 ; aber *Lactarius deliciosus* kann niemals mit einer anderen Pflanze verwechselt werden, wenn man die tief orange (oder rote) und schließlich grüne Milch beobachtet. Abb. 20 und 28 sind nicht nur Tannenwäldern vorbehalten.

Lila Spinnwebenpilz. Abb. 12.

(*Cortinarius* [*Inoloma*] *violaceus.*) 420.

Dies ist einer der am besten gezeichneten essbaren Pilze und zugleich einer der besten für Speisezwecke. Man kann ihn nicht als weit verbreitet bezeichnen, obwohl ich ihn oft in der Nähe von London gefunden habe. Er scheint hauptsächlich an *offenen Stellen* in Wäldern zu wachsen. In jungem Zustand sieht er im Gras wie ein leuchtend purpurner Seidenball aus, und wenn man ihn sammelt, ist der knollige Stiel fast so groß wie die Spitze selbst. Es gibt immer ein baumwollartiges Netz, ähnlich einem Spinnennetz (das den Ring darstellt), das sich vom Rand des Hutes bis zum Stiel erstreckt, und dieses Netz erhält bald seine Farbe von den roten Sporen, die in großer Menge produziert werden und die Lamellen und einen Teil des Stiels rot färben, in der Tönung dem Rost von Eisen sehr ähnlich; wenn man es anschneidet, hat das Fleisch einen gedämpften lila Farbton und ist fest.

Mit einem Steak gegrillt ist dies ein äußerst erlesener Luxus, der im Geschmack dem Wiesenpilz sehr ähnelt, aber insgesamt fester, fleischiger und kräftiger ist. Ich freue mich immer, diese Art zu finden, und es ist nahezu unmöglich, sie mit einer anderen zu verwechseln.

Mähnenpilz. Abb. 13.

(*Coprinus comatus.*) 374.

Dieser Pilz sollte zum Essen gesammelt werden, wenn die Lamellen weiß sind oder gerade rosa werden, und bevor sie schwarz werden, denn in diesem letzteren Zustand (da die Pflanze schließlich zerfließt) ist er nicht mehr zum Essen geeignet. Wenn ich die Wahl hätte, glaube ich, dass ich keine Art dieser vorziehen würde; er ist außergewöhnlich reichhaltig, zart und köstlich. Am besten sind die Arten, die zwischen kurzem Gras, auf Rasenflächen oder am Straßenrand wachsen; es gibt eine Art, die an schmutzigen, klebrigen Orten, in Ziegeleien, Staubplätzen usw. wächst, die ich nicht empfehlen möchte. Wenn er auf einer reichen Weide gesammelt wird, ist er schneeweiß, die

Spitze ist etwas fleischig, zylindrisch und in weiße, stoffartige Flecken zerfallen; um den hohlen Stiel befindet sich ein weißer, pulverartiger, brüchiger Ring, der bald bricht und abfällt.

Coprinus comatus – der „Blätterpilz der Zivilisation" – ist im Oktober in allen Londoner Parks weit verbreitet. Eine eng verwandte Art, die am Fuß alter Baumstümpfe und Pfähle sowie auf dem Boden zu finden ist (*C. atramentarius*), wird manchmal gegessen. Ich habe ihn nicht probiert, aber Mr. Penrose und mehrere Freunde haben ein gutes Wort für ihn einzulegen.

Schuppiger Pilz. Abb. 14.

(*Agaricus* [*Lepiota*] *procerus.*) 13.

Agaricus procerus genießt überall einen guten Ruf, und da er keine Seltenheit ist, können sich Pilzliebhaber in der Regel mit dieser Art verwöhnen lassen. Wann oder zu welcher Zeit es jemals auf dem Covent Garden Market verkauft wurde, weiß ich nicht; Denn obwohl in mehr als einem Buch steht, dass es dort zum Verkauf steht, habe ich es weder gesehen noch gehört. Er wächst auf Weiden und ist an seinem langen, knollenförmigen, gefleckten Stängel, dem auf- und abgleitenden Ring, der sehr schuppigen Oberseite und den weit vom Stängelansatz entfernten Kiemen zu erkennen. Wenn der Stiel entfernt wird, bleibt eine große hohle Vertiefung zurück – genau die richtige Stelle, um beim Grillen ein großes Stück Butter hineinzulegen, und dann entsteht mit Pfeffer und Salz ein Gericht, das, wenn man es einmal probiert hat, selbst den anspruchsvollsten Gaumen erfreuen wird. Ich denke, dass die Pflanzen, die auf den Weiden gesammelt werden, am besten sind. Ich habe manchmal sehr riesige Exemplare in Tannenplantagen wachsen sehen, aber ich glaube nicht, dass sie für den Tisch den Pflanzen ebenbürtig sind, die es auf üppigen Wiesen im Überfluss gibt. Das Fleisch neigt leicht dazu, seine Farbe zu ändern; und es gibt eine verwandte Art, *A. rachodes* , die viel *robuster* , aber oft kleiner ist, ihre Farbe in ein tiefes Gelbbraun ändert, wenn sie gebrochen wird, und einen glatten Stiel hat, der nicht so sehr zu empfehlen ist, wenn er überhaupt gesund ist. Ich habe es im Allgemeinen an dunklen und schattigen Hecken wachsen sehen und kenne mehrere Personen, die es gegessen haben und gut darüber sprechen.

Pflaumenpilz. Abb. 15.

(*Agaricus* [*Clitopilus*] *prunulus.*) 225.

Die rein rosa Lamellen, die sich beträchtlich am ringlosen Stängel herabziehen, und der frische, aromatische Geruch nach Mehl unterscheiden diese Art sofort von allen anderen. Sie wächst im Herbst in und in der Nähe von Wäldern und bevorzugt offensichtlich offene Stellen und Ränder. Der feste Stängel und die sehr fleischige Spitze sind weiß oder haben einen sehr blassen Grauton. Dr. Badham und einige andere Autoren bezeichnen unsere

Pflanze unter dem Namen *A. orcellus* , und einige Botaniker betrachten den echten „orcellus" und den echten „prunulus" als verschiedene, aber eng verwandte Arten. Es kommt auch zu einer ärgerlichen Verwechslung zwischen dieser Art und Abb. 19 , dem Georgspilz (*A. gambosus*). Letzterer ist eine Frühlingspflanze und wird häufig fälschlicherweise *A. prunulus genannt* . Sie haben keine gemeinsamen Merkmale, und tatsächlich gibt es keine unterschiedlicheren Blätterpilze.

Um auf den echten Pflaumenpilz zurückzukommen (Abb. 15): Ich muss nur sagen, dass er, wie auch immer er zubereitet wird, hervorragend ist; das Fruchtfleisch ist fest und saftig und voller Geschmack; und ob gegrillt, gedünstet oder wie auch immer zubereitet, es ist ein äußerst köstlicher Bissen. Ich habe es noch nie in sehr großen Mengen gesehen; Es ist über die Wälder nördlich von London verstreut, aber nicht in Hülle und Fülle.

Gelockte Helvella. Abb. 16.

(*Helvella Crispa.*) 1673.

Diese merkwürdig aussehende Pflanze ist fast mit der echten Morchel verwandt und ähnelt ihr auch im Geschmack. Sie kann kaum mit einer anderen Art verwechselt werden, es sei denn, es handelt sich um die nächste, die eine schwarze Spitze hat und seltener ist (*H. lacunosa*), 1674, und ebenfalls essbar. *H. crispa* wächst im Allgemeinen an schattigen Böschungen oder an den Rändern von Weiden und Rasenflächen und zwischen toten Blättern im Schatten von Bäumen. Ich habe sie nur einmal in der Nähe von London gesehen, und zwar in der Gegend von Caen Wood, Hampstead; manchmal jedoch habe ich sie in großen Mengen (Hunderte von Exemplaren) an üppigen, abschüssigen Böschungen gefunden. Der Stängel ist voller Runzeln und Löcher und die Spitze ist auf sehr merkwürdige und unregelmäßige Weise gelappt und gebogen.

Wenn man diese Art langsam und mit Sorgfalt dünstet, ist sie sehr schmackhaft und gibt eine köstliche Soße ab. Das Fleisch ist fest und knackig und ähnelt stark der Morchel. Sie kann leicht in einem Luftzug oder an einem trockenen Ort getrocknet und später verwendet werden; in diesem Zustand werden Exemplare manchmal auf Schnüre aufgefädelt aufbewahrt, um Eintöpfen und Soßen ihren wirklich köstlichen Geschmack zu verleihen. (Siehe Beschreibung von Abb. 20.)

Ich habe einmal eine Gruppe von Exemplaren gesehen, die plötzlich in der Nähe einiger Ameisenhaufen aufgetaucht waren. Tausende von Ameisen schwärmten um die Pilze herum, untersuchten sie und rannten auf höchst amüsante Weise in die Löcher in den Stängeln hinein und wieder hinaus.

Austernpilz. Abb. 17.

Ich habe diese alles andere als ungewöhnliche Art immer auf alten Ulmenstämmen wachsen sehen , obwohl sie überhaupt nicht wählerisch ist, was ihren Lebensraum betrifft, und oft auf Goldregen, Apfelbäumen, Eschen usw. vorkommt. Sie wächst normalerweise in großen Massen, eine Pflanze über der anderen, und bildet einen sehr schönen Anblick auf alten Baumstämmen. Die Lamellen *und Sporen sind weiß* , wobei erstere den Stamm hinunterlaufen und die Spitze schmutzig, manchmal fast weiß, manchmal ganz braun ist. Eine verwandte Art, *A. euosmus* , mit blasslila Sporen und einem Duft ähnlich dem von Estragon (*Artemisia dracunculus*), ist „nicht essbar" und wächst angeblich im Frühjahr. Erstere finde ich normalerweise im Frühjahr, obwohl sie angeblich normalerweise im Spätherbst oder Winter wächst.

Vielleicht muss man erst einmal auf den Geschmack dieser Art kommen; aber obwohl es zweifellos essbar ist, habe ich nie gut darüber nachgedacht. Das Fruchtfleisch besitzt eine gewisse Festigkeit und produziert einen reichlichen und wohlschmeckenden Saft; aber ich neige dazu, sie für kulinarische Zwecke als die Spezies mit dem geringsten Wert einzustufen. Es wurde jedoch von einigen wärmstens empfohlen; und ein Gericht dieser Art, vor einem sehr heißen Feuer gedünstet, hat sich als ebenso angenehm und nahrhaft erwiesen, „wie ein halbes Pfund frisches Fleisch". Geschmäcker dürfen verschieden sein; und vielleicht wird die Meinung einiger meiner Leser von meiner abweichen, wenn sie diese Art probieren, die aufgrund ihres eigentümlichen Aussehens kaum mit einer anderen verwechselt werden kann.

Pilz mit Fliederstiel. Abb. 18.

(*Agaricus* [*Tricholoma*] *personatus.*) 65.

Obwohl diese Pflanze manchmal auf Weiden in der Nähe von London vorkommt, ist sie nicht sehr verbreitet. Sie ist sehr eng mit der nächsten Art (Abb. 19) verwandt und sieht ihr sehr ähnlich. Sie unterscheidet sich von dieser hauptsächlich dadurch, dass sie im Herbst wächst und einen lila Band um den oberen Teil des Stängels hat. Dieser lila Fleck ist jedoch nicht immer vorhanden; und eine Art, die ganz (auch Stängel und Spitze) lila oder voll violett ist, sollte gemieden werden (*A. nudus*). Der Purpurne Spinnwebenpilz (Abb. 12) lässt sich leicht an seinen eisenrostfarbenen Lamellen erkennen. Bei *Agaricus personatus* sind sie weiß – manchmal schmutzig weiß; der feste, ringlose Stängel ist ziemlich rau und die Spitze ist glatt und außerordentlich fest und fleischig; die Pflanze wächst bis in den Spätherbst auf Hügeln und auf reichen, kurzen Weiden.

Über den Wert dieser Art für gastronomische Zwecke gehen die Meinungen etwas auseinander. Ich glaube jedoch, dass es kaum einen köstlicheren Pilz gibt, wenn man bei *trockenem Wetter junge Pflanzen sammelt* und sie sorgfältig röstet oder dünstet. Aus eigener Erfahrung halte ich die Pflanze für die beste. Allerdings nimmt die Pflanze leicht Feuchtigkeit auf und ist bei nassem Wetter schwer und wenig wert.

Während diese Seiten durch die Presse gehen, informiert mich mein Freund, Mr. Thomas Moore vom Botanischen Garten Chelsea, dass er in diesem Herbst (1874) große Mengen von *A. personatus* auf den Märkten von Nottingham zum Verkauf angeboten sah, und zwar unter dem Namen „Bluebottoms" (Blaupilz). Die Verkäufer behaupteten, der Pilz sei „so gut wie Champignons".

Georgs-Pilz. Abb. 19.

(Agaricus [Tricholoma] gambosus.) 62.

Der St.-Georgs-Pilz passt zu jedem Heiligen im Kalender. Er wächst im Frühjahr, um den St.-Georgs-Tag herum, wenn nur wenige andere Arten zu finden sind. Er ist überall fast weiß oder hat eine leichte Tendenz ins Ockerfarbene; manchmal ist die Farbe aber auch etwas kräftiger. Der Stiel und die Spitze sind außergewöhnlich fest, fleischig und solide, und letztere neigt bei heißem Wetter zum Spalten. Er wächst in Ringen auf üppigen Rasenflächen und Weiden und hat einen starken, wohlriechenden, verführerischen Geruch.

Es ähnelt ein wenig *A. crushuliniformis* (Abb. 24, Giftblatt), das sich jedoch in verschiedener Hinsicht unterscheidet, vor allem dadurch, dass es braune statt *weiße Sporen absondert* , wie bei *A. gambosus* . Die giftige Pflanze duftet nach Lorbeerblüten und *wächst im Herbst in Wäldern* .

Nur wenige Arten sind gehaltvoller und köstlicher für den Tisch. Ich (wie viele andere) betrachte es mit ungewöhnlicher Wertschätzung als eine der seltensten Delikatessen des Pflanzenreichs. Wie letzteres ist es wasserabsorbierend und sollte bei trockenem Wetter geerntet werden. Ich denke, es ist lokal und in der Nähe von London sicherlich ungewöhnlich.

Es wird manchmal fälschlicherweise unter dem Namen *A. prunulus bezeichnet*
.

Essbare Morchel. Abb. 20.

(Morchella esculenta.) 1668.

Ich kenne einen Wald in Bedfordshire namens „Morel Wood", in dem dieser seltene und köstliche Pilz im Frühling *reichlich vorhanden ist* . Sie ist im Allgemeinen alles andere als häufig und kommt vielleicht im Süden Englands häufiger vor. Es scheint jedoch bei Hausfrauen im Norden und Süden recht bekannt und allgemein gefragt zu sein, da es Bratensoßen und Fertiggerichten einen wirklich exquisiten Geschmack verleiht. Da es leicht getrocknet ist, kann es zu jeder Jahreszeit für den sofortigen Gebrauch aufbewahrt werden. Die Abbildung zeigt genau, wie die Morchel aussieht; Die wabenförmige, narbige Oberseite ist *hohl*, und der fast glatte Stiel ist teilweise hohl. Es ergibt sich ein köstlicher Ketchup; und die hohle Oberseite, gut gefüllt mit gehacktem Kalbfleisch und zwischen Speckscheiben gekleidet, ist ein Gericht von seltenem und exquisitem Geschmack.

Diese Beschreibung der Morchel wäre nicht vollständig, wenn ich nicht auch die „Riesenmorchel" (*Morchella crassipes*) erwähnen würde, die vor einigen Jahren in diesem Land zum ersten Mal von meiner Freundin Miss Lott aus Barton Hall in Süddevon gefunden wurde. Diese Art, die enorme Ausmaße erreicht, ist nicht ganz so knusprig oder schnell getrocknet wie die letzte, eignet sich aber als Nahrungsmittel genauso gut zum Würzen von Soßen und für andere Zwecke.

Leberpilz. Abb. 21.

(*Fistulina hepatica.*) 716.

Dieser einzigartige Pilz kommt nicht immer *häufig vor* . Es wächst im Allgemeinen auf den Stämmen alter Eichen. Ich habe es in riesigen Mengen auf den alten Eichen des Sherwood Forest gesehen, während Eichenbezirke zeitweise einzigartig frei von seiner Präsenz zu sein scheinen. Äußerlich ähnelt es einer sehr großen Zunge oder einem riesigen Stück Leber, das aus dem Baum herausragt, und wenn man es einschneidet, strömt reichlich roter Saft aus. Es handelt sich wirklich um ein „Gemüse-Beefsteak", denn der Geschmack erinnert auf bemerkenswerte Weise an Fleisch. Eine gute Zubereitungsart besteht darin, es in dünne Scheiben zu schneiden, mit einem Steak zu grillen und mit Butter, Salz und Pfeffer zu würzen. Es hat einen leichten, aber deutlich wahrnehmbaren *Säuregeschmack* , der einem Gericht aus dem sogenannten „Gemüse-Beefsteak" eine beträchtliche Würze und Würze verleiht und es zu einem „Leckerbissen für Genießer" macht.

Es wächst nur selten an anderen Bäumen als der Eiche, aber ich habe es an Eschen, Buchen und anderen Bäumen gesehen.

Stacheltragender Pilz. Abb. 22.

(*Hydnum repandum.*) 718.

Es besteht kaum Angst, dies mit einer anderen Art zu verwechseln, da die ahlenförmigen Stacheln auf der Unterseite ein charakteristisches Merkmal der kleinen Gattung *Hydnum sind*. Alle Arten jeder Größe haben einen guten Charakter; *Hydnum repandum* ist die einzige *häufig vorkommende* Pflanze der Gattung.

In den wenigen verbliebenen Waldgebieten im Norden Londons kommt er mitunter am häufigsten vor und kann bei feuchtem Herbstwetter häufig an schattigen Straßenrändern gefunden werden.

Roh ist sein Geschmack leicht scharf, aber nach der Zubereitung in der Küche ist er eine reizvolle Bereicherung für den Tisch. Sein Fleisch ist sehr fest und köstlich, aber da es etwas trocken ist (siehe Abb. 11), verleiht die Zugabe von etwas Soße oder Bratensaft dem Eintopf eine zusätzliche Würze.

Die Farbe des Pilzes ist genau wie die eines Cracknels; die glatte Oberseite ist häufig unregelmäßig und der reine, feste Stiel ragt oft aus der Mitte heraus. Die Oberseite weist manchmal eine wärmere, fast sienafarbene Färbung auf.

Zähflüssiger weißer Pilz. Abb. 23.

(*Hygrophorus virgineus.*) 470.

Diese in Form und Geschmack exquisite Art ist im Herbst eine der schönsten Zierpflanzen unserer Rasenflächen, Hügellandschaften und Kurzweiden. In diesen Situationen kann es in jedem Teil des Königreichs gefunden werden. Es ist im Wesentlichen wachsartig und fühlt sich an und sieht genauso aus, als ob es aus reinstem Frischwachs hergestellt wäre. Der Stängel ist fest, vollgestopft und abgeschwächt, und die Kiemen (besonders weit voneinander entfernt) verlaufen weit am Stängel hinab; Mit zunehmendem Alter verfärbt es sich ein wenig und ist dann nicht mehr für kulinarische Zwecke geeignet.

Eine Ladung frischer Exemplare, mit Geschmack und Sorgfalt gegrillt oder gedünstet, erweist sich als angenehmer, saftiger und wohlschmeckender Verzehr und kann manchmal erhalten werden, wenn andere Arten nicht zu haben sind.

Mehrere verwandte Arten genießen den Ruf, artenreich zu sein, insbesondere *H. pratensis* und *H. niveus* ; und mein Freund, Herr FC Penrose, hat *H. psittacinus* gegessen und äußert sich positiv darüber – eine äußerst dekorative gelbe Art mit einem grünen Stiel, die manchmal auf reichhaltigen Weiden recht häufig vorkommt (und allgemein als sehr verdächtig *gilt*).

Bewölkter Pilz. Abb. 24.

(*Agaricus* [*Clitocybe*] *nebularis.*) 78.

Häufig (an bestimmten Orten), in der Nähe von London jedoch selten. Diese Art erscheint spät im Herbst und wächst im Allgemeinen auf toten Blättern an feuchten Orten, hauptsächlich an Waldrändern. Die Oberseite ist bleifarben oder grau, zunächst *wolkiges* Grau – daher der Name; Der Stängel ist kräftig, elastisch und gestreift, wobei die *weißen* Kiemen deutlich über den ringlosen Stängel verlaufen, wie in der Zeichnung dargestellt.

Die gastronomischen Vorzüge dieser Art sind allgemein bekannt. Wenn es gepflückt wird, hat es einen gesunden und kräftigen Geruch; und beim Kochen hat das feste und duftende Fruchtfleisch einen besonders angenehmen und wohlschmeckenden Geschmack.

Riesiger Puffball. Abb. 25.

(*Lycoperdon giganteum.*) 930.

Diese Art von Bovist ist nicht immer ein „Riese" und wird oft nicht größer als ein Apfel. Sie ist eher lokal verbreitet und erreicht meiner Meinung nach nur in bestimmten Situationen gigantische Ausmaße. Ich habe zum Beispiel Exemplare auf üppigen Weiden in Nottinghamshire wachsen sehen, die so viel größer waren als das abgebildete Exemplar, dass dieses neben ihnen wie ein Zwerg wirken würde . Auf einigen Wiesen in der Nähe von Highgate und Hampstead findet man Exemplare, die genauso groß sind wie unsere Abbildung; aber man muss sich kaum täuschen, wenn man auf die glatte Haut achtet – wie weißes Ziegenleder.

Zum Kochen müssen junge Exemplare ausgewählt werden, die innen und außen fest und schneeweiß sind. Denn wenn der Pilz reif und gelblich wird und innen staubig ist oder wenn er vom Regen durchtränkt ist und innen eine Masse gelber Verwesung darstellt, muss er natürlich abgelehnt werden.

Man erkennt ihn an seiner Größe, seiner reinweißen Farbe und seiner *glatten Haut* .

Um diese Art zufriedenstellend und gut zu kochen, schneiden Sie die Exemplare in etwa einen halben Zoll dicke Scheiben, entfernen Sie die Haut oder Rinde, tauchen Sie die Scheiben in Eigelb und braten Sie sie in frischer Butter. Es wird dann mit einem zarten und köstlichen Geschmack gegessen; Oder mit Marmelade oder Gelee serviert ist es ein ausgezeichneter Ersatz für Gebäck.

Birnenmilchpilz. Abb. 26.

(*Lactarius volemum.*) 508.

Man erkennt diese Art an ihrer sehr satten Färbung, dem festen Fruchtfleisch, dem milden Geschmack, der weißen Milch (die an Stellen, an denen die Pflanze gequetscht oder gebrochen ist, zu einem matten dunklen

Umbra wechselt), den weißen Lamellen, die sich in ein warmes Gelb verwandeln, und der vollen Siena-Spitze; Der Stamm ist fest und die Pflanze wächst in Wäldern.

Der Geschmack dieser Pflanze, wenn sie gebraten ist, wird treffend mit dem von Lammnieren verglichen und ähnelt im Geschmack dem einzigen anderen essbaren Lactarius, nämlich *L. deliciosus*, Abb. 11. Es ist eine seltene Art in diesem Land.

Weißer Tannenholzpilz. Abb. 27.

(*Agaricus* [*Clitocybe*] *dealbatus*.) 80.

Dieser hübsche kleine Pilz wächst normalerweise in Tannenplantagen und in deren Nähe, kommt aber gelegentlich auch anderswo vor. Seine Oberseite ist weiß, glatt und *ähnelt stark Elfenbein*. Er ist glänzend, gewellt, fleischig und neigt dazu, unregelmäßig zu sein; die Lamellen sind dünn, weiß und verlaufen den Stiel hinunter.

Wenn saubere, junge und frische Exemplare mit Butter gebraten werden, ist es eine Delikatesse allerhöchsten Grades – zart, saftig und köstlich zugleich. Sein bezaubernder Geschmack wird von nur sehr wenigen anderen Pilzen übertroffen.

Mehrere verwandte Arten sind sehr gut, insbesondere *Agaricus odorus*, der einen äußerst köstlichen Steinkleeduft verströmt.

Bevor ich diese Art richtig kannte, habe ich alle möglichen Dinge dieser Art gegessen und habe mich nie schlecht gefühlt wegen der Fehler, die ich gemacht habe. Es wäre sinnlos, sie hier alle aufzuzählen, ohne Abbildungen und Beschreibungen, aber einer war der gewöhnliche *Agaricus subpulverulentus*
.

Hexenring-Champignon. Abb. 28.

(*Marasmius oreades.*) 553.

Wenn möglich, ist diese Art besser als die letzte, und keine Empfehlung kann für sie zu stark sein. Der außerordentlich reiche und köstliche Geschmack dieser mit Butter gegrillten Pflanze muss man schmecken, um ihn zu verstehen. Er ist fester als der Wiesenpilz und besitzt zwar sein besonderes Aroma, besitzt es aber in konzentrierter Form. Sogar Herr Berkeley, der der letzte Mensch auf der Welt wäre, der sich einer zweifelhaften Art verschrieben hätte, sagt: „ *Es ist der allerbeste aller unserer Pilze* .“ Es kann eingelegt, für Ketchup verwendet oder zur späteren Verwendung getrocknet werden.

Marasmius oreades wächst in Ringen auf kurzen Weiden, auf Hügeln und überall an Straßenrändern (*aber niemals in Wäldern*). Es ist etwas zäh, vor allem der kräftige Stiel, die Kiemen sind weit auseinander und cremefarben.

Diese Art hat keine Flaumhaare an der Stängelbasis. Bestimmte andere Arten von *Marasmius* , die häufig auf toten Blättern in Wäldern wachsen und diese Flaumhaare besitzen, sollten gemieden werden. Es gibt eine giftige Pflanze, die manchmal an ähnlichen Stellen vorkommt, und zwar oft *zusammen mit* dem Hexenring-Champignon (*M. urens*), Abb. 30, Giftblatt . Ich habe einmal (aus Versehen) seine Eigenschaften getestet. Siehe Beschreibung.

Trüffel. Abb. 29.

(*Tuber æstivum.*) 1916.

Der Trüffel ist ein unterirdischer Pilz, der ausnahmslos unter Bäumen zu finden ist, oft gerade aus der Erdoberfläche hervorragt und gelegentlich auf unseren Märkten zum Verkauf angeboten wird, wo er manchmal bis zu 5 *Schilling* pro Pfund einbringt. Der Trüffel wird von vielen als das köstlichste Nahrungsmittel im gesamten Pflanzenreich angesehen, andere wiederum blicken mit Abneigung oder geradezu Ekel darauf. Der Geruch ist sehr stark und wird von manchen Menschen genossen, von anderen jedoch sehr abgelehnt. Gekocht oder einfach in heißer Asche geröstet gilt er als große Delikatesse.

Neben den Trüffeln, die auf dem Covent Garden Market verkauft werden, gibt es in diesem Land viele andere Arten in unterschiedlichen Formen und Qualitäten. *T. æstivum* variiert stark in der Größe, ist unregelmäßig geformt, schwarz, rau und warzig.

Ich muss gestehen, dass ich Trüffeln zunächst mit Abscheu begegnete, aber mittlerweile schätze ich sie sehr. Sie sind eine hervorragende Zutat für Soßen, Füllungen und Fleischpasteten.

T. cibarium bezeichnet .

GIFTIGE PILZE.

Gebündelter Stumpfpilz. Abb. 1.

(Agaricus [Hypholoma] fascicularis.) 331.

Diese Art kommt überall an den Basen alter Baumstümpfe vor, immer in Gruppen. Der Stamm ist hohl und die Lamellen sind grünlich und leicht zerfließend. Sie hat einen starken Geruch und schmeckt bitter und abstoßend.

Roter Saftpilz. Abb. 2.

(Hygrophorus conicus.) 482.

Dieser wirklich hübsche Pilz kommt häufig auf Weiden und an Straßenrändern vor. Es verfärbt sich violettschwarz, wenn es gequetscht, zerbrochen oder alt ist, und es hat einen starken und sehr abweisenden Geruch.

Es besteht aus einer saftigen Substanz und ist nicht selten leuchtend gelb oder tief orange anstelle von Purpur oder Scharlach.

Gitterförmiger Clathrus. Abb. 3.

(Clathrus cancellatus.) 917.

Ich bin der verstorbenen Frau Gulson aus Eastcliff in der Nähe von Teignmouth, Devon, für die ursprüngliche Pflanze, aus der diese Figur entnommen wurde, zu Dank verpflichtet. Es ist von extremer Schönheit und Seltenheit, kommt in diesem Land selten vor, ist aber im Süden Europas häufig genug.

Der Gestank, den diese Art ausatmet, ist höchst unangenehm und kann mit nichts anderem verglichen werden als mit ihr selbst. Er ist so schrecklich abstoßend und widerwärtig, dass eine bloße Untersuchung der Pflanze äußerst schwierig ist. Im jungen Zustand ist der Geruch weniger stark oder fehlt ganz.

Fetid Lederpilz. Abb. 4.

(Thelephora palmata.) 760.

Dieser weiche Pilz weist eine entfernte Ähnlichkeit mit einigen Arten der Gattung Clavaria auf. Er ist selten, wächst auf dem Boden und hat einen sehr unangenehmen Geruch.

Olivenblattpilz. Abb. 5.

(Agaricus [Hypholoma] sublateritius.) 328.

Diese Pflanze ist mit Abb. 1 verwandt und wächst wie diese auf alten Baumstümpfen im Wald und hat ebenfalls einen unangenehmen Geruch.

Adstringierender Pilz. Abb. 6.

(*Panus stypticus.*) 582.

Kommt sehr häufig auf alten, abgestorbenen Bäumen und Baumstümpfen im Wald vor und sollte besser vermieden werden.

Matrixtragender Pilz. Abb. 7.

(*Agaricus* [*Amanita*] *Phalloides.*) 2.

Dieser schöne Blätterpilz ist in Wäldern weit verbreitet und gilt als hochgefährlich. Er ist mit Abb. 8 verwandt , wie man beim Blick auf die Abbildungen sehen kann.

Alle Teile sind nahezu weiß, mit Ausnahme der Oberseite, die im Allgemeinen einen blassen Farbton von gedämpftem Gelb oder Grün annimmt.

Giftiger Frühlingspilz. Abb. 8.

(*Agaricus* [*Amanita*] *vernus.*) 1.

Dieser Blätterpilz gehört zu einer sehr verdächtigen Gruppe und gilt als sehr giftig. Er wächst im *Frühjahr in Wäldern* und ist an allen Stellen weiß.

Es ist selten, aber ich habe es in der Nähe von London gefunden.

Elsterpilz. Abb. 9.

(*Coprinus picaceus.*) 379.

Auch diese Pflanze ist ebenso selten, obwohl sie an manchen Orten, wie in den Wäldern von Herefordshire, keineswegs selten vorkommt. Es ist eine sehr schöne, aber verdächtig aussehende Pflanze, deren Spitze in große schwarze und weiße Flecken zerfällt. Sie wächst am Straßenrand und hat einen unangenehmen Geruch.

Düsterer Röhrenpilz. Abb. 10.

(*Boletus luridus.*) 607.

Dies ist eine der schönsten Zierde unserer Wälder und Gehölze. Die vorherrschende Farbe ist Umbra, auf der Unterseite durch leuchtendes Rot hervorgehoben, das manchmal an Purpurrot oder sogar Zinnoberrot heranreicht; wenn es zerbricht oder gequetscht wird, ändert es schnell seine Farbe nach Blau. Es ist überall dort sehr verbreitet, wo es Bäume gibt, und wächst oft früh im Jahr. Es ist wahrscheinlich mehr oder weniger giftig, obwohl ich schon erlebt habe, dass man es ohne *tödliche* Folgen gegessen hat.

Herr Penrose fand einmal ein Exemplar von der Größe eines Melkstuhls mit einem Umfang von genau drei Fuß.

Greifender Milchpilz. Abb. 11.

(*Lactarius torminosus.*) 488.

Dieser gefährliche Pilz ist sofort an dem haarigen, nach innen eingerollten Rand der Spitze zu erkennen. Die Milch, die beim Aufbrechen der Pflanze austritt, ist beißend und beißend und verändert im Gegensatz zur Feige nicht ihre Farbe. 11, Essbares Blatt und Feigen. 20 und 28, Giftiges Blatt.

Obwohl es angeblich häufig vorkommt, halte ich es für eher selten. es kommt hin und wieder in Einzelexemplaren in den Wäldern und auf offenen Plätzen in der Nähe von London vor.

Rötlicher Milchpilz. Abb. 12.

(*Lactarius rufus.*) 512.

Dies ist einer der tödlichsten Pilze Großbritanniens und wächst im Allgemeinen in Tannenwäldern. Die weiße Milch ist außergewöhnlich scharf und ätzend, was vielleicht sein bestes Erkennungszeichen ist. Sie weist eine gewisse Ähnlichkeit mit Abb. 26, Essbares Blatt, auf, aber die Milch von *L. volemum* ist mild und ändert ihre Farbe in Dunkelbraun, wenn sie der Einwirkung von Luft ausgesetzt wird; während sie bei *L. rufus* weiß bleibt und die Milch sehr scharf riecht.

Fliegenpilz. Abb. 13.

(*Agaricus* [*Amanita*] *muscarius.*) 3.

Nur wenige Pilze können diese bekannte Art an Schönheit übertreffen. Er ist relativ heimisch und liebt Birkenwälder, wo er mit seinem üppigen Wachstum manchmal den Boden fast scharlachrot färbt. Manchmal ist die Oberseite dunkelgelb oder orange, aber normalerweise ist sie leuchtend scharlachrot; wenn man die obere Schale abzieht, sieht man, dass das Fleisch direkt darunter hellgelb und der Rest weiß ist. Er ist mit Abb. 1, Essbares Blatt, verwandt, aber das Fleisch des letzteren ist unter der Schale nicht gelb; und *A. rubescens wird* überall rötlich, sobald es gequetscht oder zerbrochen wird.

Giftiger Waldpilz. Abb. 14.

(*Agaricus* [*Entoloma*] *sinuatus.*) 212.

Zweifellos ist dies eine sehr giftige Pflanze, denn ich habe einmal ein sehr kleines Stück eines Exemplars zum Mittagessen gekocht und wäre dadurch fast zu Tode vergiftet worden.

Ich habe kein Zwanzigstel der gesammelten Probe gegessen – ich bin mir sicher, nicht einmal eine Viertelunze – und der Geschmack war keineswegs unangenehm. Aber merken Sie sich das Ergebnis. (Man muss auch bedenken, dass ich, obwohl ich so gefährlich krank wurde, bis zum letzten Moment nie den *Verdacht geschöpft habe, dass es sich um einen Pilz handelt* . Ich war ein so überzeugter Giftpilzfresser, dass ich meine Symptome auf etwas anderes als die wahre Ursache zurückführte.)

Ungefähr eine Viertelstunde nach dem Mittagessen *verließ ich das Haus* und wurde sofort von einem seltsamen nervösen, düsteren, niedergeschlagenen Gefühl überfallen, das für mich völlig neu war. Bald verstärkten heftige Kopfschmerzen meine Gefühle, und dann begann das Gehirn zu schwammen, mit heftigen Schmerzen im Magen.

Es fiel mir jetzt sehr schwer, mich überhaupt auf den Beinen zu halten; Meine Sinne schienen mich alle zu verlassen, und jedes Objekt schien sich mit *totenähnlicher Stille* von einer Seite zur anderen, von oben nach unten oder von einer Seite zur anderen zu bewegen.

Mehr tot als lebendig, kehrte ich bald nach Hause zurück und war entsetzt, als ich *zwei andere* (die ich eingeladen hatte, an meiner Mahlzeit teilzunehmen) in genau demselben Zustand vorfand wie ich. In diesem Moment und nicht vorher dachte ich an *Agaricus sinuatus* . Diese beiden anderen hatten genauso gelitten wie ich, und wir alle drei starben offenbar schnell. Sie wurden jedoch von heftigem Erbrechen angegriffen, was meiner Meinung nach dazu beitrug, ihre Genesung zu beschleunigen; denn nach ein paar Tagen Krankheit und Übelkeit (mit ärztlicher Hilfe) wurden sie gesund; aber bei mir war es nicht so; denn obwohl ich zunächst den Drang verspürte, hatte ich nicht mehr die Kraft, mich zu übergeben. In der zweiten Hälfte des ersten Tages war ich jedoch so ständig und fürchterlich entleert und litt so sehr unter Kopfschmerzen und Schwindel im Gehirn, dass ich wirklich dachte, jeder Moment wäre mein letzter.

Ich war die nächsten vier oder fünf Tage sehr krank, litt unter Abneigung und Mattigkeit, fiel in einen tiefen, langen und unruhigen Schlaf, zeitweise waren alle meine Gelenke ganz steif, dann wieder schwamm mir alles durch den Kopf, und erst nach vierzehn Tagen war ich völlig aus dem Häuschen.

Abb. 14 ist ein Porträt der betreffenden Pflanze, aufgenommen vor Beginn der kulinarischen Arbeiten. Jeder, der dieses Bild gesehen hat, wird das Ding selbst erkennen, wenn er es findet. Es ist groß, hat stumpfe, fleischfarbene

Lamellen, die Spitze ist ein wenig flaumig, es riecht nach Mehl und wächst in Wäldern.

Im Herbst ist er in den Wäldern nördlich von London immer vereinzelt zu finden.

Feuriger Milchpilz. <u>Abb. 15.</u>

(*Lactarius piperatus.*) 500.

Ich kann mir vorstellen, dass es in diesem Land nur sehr wenige Arten gibt, die gefährlicher sind als diese. Die Milch ist so stechend und stark, dass sie, wenn man sie über empfindliche Hände rinnen lässt, wie Brennnesseln brennt; und wenn man einen Tropfen auf die Lippen oder die Zunge gibt, fühlt es sich an wie heißes Wasser oder wie das Brennen eines glühenden Eisens.

Es kommt in allen Hölzern vor; es ist besonders fest und solide, aber ziemlich spröde. Seine Farbe ist manchmal schneeweiß, manchmal geht es ein wenig ins Cremefarbene über; die Milch ist weiß und unveränderlich und normalerweise reichlich vorhanden.

Stinkender Pilz. <u>Abb. 16.</u>

(*Russula fœtens.*) 530.

ist weniger starr als andere *Russulae* , spröde und an allen Teilen klebrig, wird immer von Schnecken gefressen und hat einen feuchten, unerträglichen Geruch, der mit nichts in der Natur verglichen werden kann. Daher kann diese Art für das menschliche Leben nur schädlich und verderblich sein. Schnecken mögen sie ganz bestimmt sehr gern; denn obwohl sie eine unserer häufigsten Arten ist, wird sie ausnahmslos von Schnecken gefressen: Häufig sind die Kiemen mit diesen Lebewesen bedeckt oder sogar vollständig weggefressen.

Blutbefleckter Pilz. <u>Abb. 17.</u>

(*Russula sanguinea.*) 518.

Diese scharfe Art der Täublinge, die manchmal in Wäldern vorkommt, ist keineswegs ungewöhnlich; ihre gut ausgeprägte blutrote Spitze und ihre *feste Substanz* unterscheiden sie sofort von anderen Arten. Die Lamellen sind weiß und verlaufen ein wenig den Stängel hinunter.

Bläulicher Milchpilz. <u>Abb. 18.</u>

(*Lactarius pyrogalus.*) 498.

Die stark beißende weiße Milch, die diese Pflanze in großen Mengen absondert, ihre eingedrückte und gezonte Spitze, ihre eigentümliche bläuliche Färbung und die gelblichen Lamellen unterscheiden sie von den anderen Milchpilzen.

Es wächst in Wäldern und auf Wiesen.

Falscher Pfifferling. Abb. 19.

(*Cantharellus aurantiacus.*) 540.

Erkennbar an seiner geringeren Größe; seine Lamellen sind viel dünner und dichter gedrängt als beim Echten Pfifferling; der Stiel ist an der Basis häufig dunkelumbrafarben und die Lamellen oder Blattadern sind dunkler als die Spitze.

Es handelt sich um eine Art, die für kulinarische Zwecke abgelehnt werden sollte.

Gelber Milchpilz. Abb. 20.

(*Lactarius theiogalus.*) 503.

Dies ist eine wunderschöne Pflanze mit einem Geruch, der alles andere als unangenehm ist. *Manchmal* fehlen ihr die in unserer Abbildung gezeigten Zonen auf der Oberseite, aber man erkennt sie sofort an der Farbänderung, die in der Milch stattfindet, wenn der Pilz aufbricht; diese ist zunächst rein weiß, aber in weniger als einer Minute färbt sich die Milch leuchtend gelb.

Es ist nicht ungewöhnlich und kann im Allgemeinen in den Wäldern von Hampstead gefunden werden. Es gilt als giftig.

Brechpilz. Abb. 21.

(*Russula emetica.*) 528.

Dies ist eine großartige, aber sicherlich seltene Art, aber sie hat einen sehr schlechten Ruf und soll äußerst gefährliche Eigenschaften besitzen. Die Haut ist scharlachrot und lässt sich leicht abziehen, dann kommt darunter das rosafarbene Fleisch zum Vorschein, das ihr hervorstechendes Merkmal ist; die Kiemen sind reinweiß und reichen nicht bis zum Stiel; Die Oberseite ist hochglanzpoliert und variiert von scharlachrot und purpurrot bis hin zu einem schwachen Rosa und kann ab und zu violett schattiert sein.

Er erreicht eine große Größe und liebt feuchte Orte in Wäldern und die Nähe von Bäumen.

Schleimiger Mistpilz. Abb. 22.

(*Agaricus* [*Psalliota*] *semiglobatus.*) 327.

Dieser äußerst verbreitete kleine klebrige Blätterpilz wächst auf Weiden, auf Mist, einfach überall. Sein Stängel ist mit einem dicken, klebrigen Schleim bedeckt.

Es gilt als giftig.

Schwefelpilz. Abb. 23.

(*Agaricus* [*Tricholoma*] *sulfureus.*) 55.

In bewaldeten Gegenden im Süden Londons taucht diese sehr unangenehme, aber schöne Art hin und wieder auf. Sie hat einen besonders unangenehmen, penetranten Geruch, der mit „Gas-Teer" verglichen wurde. Der Stamm ist fest, wie die ganze Pflanze, und schwefelfarben.

Es handelt sich wahrscheinlich um eine sehr gefährliche Art, aber ich bin ihr selten begegnet.

Verkrusteter Pilz. Abb. 24.

(*Agaricus* [*Hebelonia*] *crustuliniformis.*) 278.

Diese schädliche Art wächst in Wäldern, ist äußerst verbreitet und ohne Zweifel sehr gefährlich. Die schmutzigen, blass-umbrafarbenen Lamellen, ihr Lebensraum und ihre Wachstumszeit – nämlich der Herbst – unterscheiden sie sofort von dem köstlichen *A. gambosus* , Abb. 19, Essbares Blatt . Sie hat einen starken und höchst unangenehmen Geruch und braune Sporen, und wir glauben, dass sie von Unwissenden oft mit dem echten Pilz verwechselt wird.

Grünspanpilz. Abb. 25.

(*Agaricus* [*Psalliota*] *æruginosus.*) 322.

Die grünspangrüne Farbe der Spitze dieses Pilzes ist nicht dauerhaft, sondern besteht aus grünem Schleim, der vom Regen bald abgewaschen wird und mit weißen Schuppen übersät ist. Der Stiel ist hohl und die Oberseite fleischig.

Er wächst im Allgemeinen auf Baumstümpfen, ist ein sehr schöner Pilz und zweifellos giftig.

Feuriger Röhrenpilz. Abb. 26.

(*Boletus piperatus.*) 597.

Erreicht niemals eine größere Größe als die Probe auf dem Blatt; tatsächlich ist es eines der kleinsten aller *Boleti* . Der Geschmack ist sehr scharf; Sie wird daher mit großem Misstrauen betrachtet und ist wahrscheinlich eine sehr gefährliche Pflanze.

Es wächst in Wäldern, ist aber selten.

Satanischer Röhrenpilz. Abb. 27.

(Boletus Satanas.) 606.

Die Figur habe ich während eines Architekturausflugs nach St. Cross in Crab-tree Wood in der Nähe von Winchester gesammelt. Ich habe sie nur einmal anderswo gesehen, obwohl meine verstorbene Freundin Mrs. Gulson aus Eastcliff sie mir mehrmals aus der Gegend von Teignmouth geschickt hat.

Ohne Zweifel ist es bei weitem der prächtigste aller *Steinpilze* . Die Oberseite ist fast weiß, sehr fleischig und ein wenig zähflüssig; der Stiel ist fest, herrlich gefärbt und wunderschön netzartig; die Unterseite ist leuchtend purpurrot. Er wird normalerweise groß, wächst in Wäldern und verfärbt sich blau, sobald er bricht oder gequetscht wird.

Es ist aller Wahrscheinlichkeit nach hochgiftig.

Scharfer Milchpilz. Abb. 28.

(Lactarius acris.) 505.

Wie der Name schon sagt, handelt es sich um einen sehr scharfen und gefährlichen Pilz. Es heißt, es sei selten, aber ich habe manchmal erlebt, dass es in den Wäldern in der Nähe von London extrem häufig vorkommt. Beim Schneiden oder Brechen verfärben sich das Fruchtfleisch und die weiße Milch in ein mattes Siena-Rot; Das unterscheidet ihn von allen anderen Pilzen. Um den Farbwechsel zu beobachten, bedarf es manchmal etwas Geduld; denn ich habe erlebt, dass eine halbe Stunde oder sogar eine Stunde vergeht, bevor der Farbwechsel sichtbar wird.

Bitterer Röhrenpilz. Abb. 29.

(Boletus felleus.) 617.

Angeblich selten, aber im Epping Forest im Allgemeinen reichlich vorhanden. Ich habe es in Nottinghamshire in Hülle und Fülle gefunden und kenne es gut; Es war der erste Steinpilz, den ich jemals gezeichnet habe, und ich hätte ihn damals fast für *Boletus edulis gegessen* .

Der bittere Geschmack von B. *felleus* , die *fleischfarbenen Röhren* , die fleischfarbene Oberseite, wenn sie gebrochen sind, der netzartige Stiel und die rosafarbenen Sporen sind die charakteristischen Merkmale dieser Art. Es ist giftig.

Falscher Champignon. <u>Abb. 30.</u>

(*Marasmius urens.*) 550.

Der schlankere Wuchs, der mehlige Stiel, die weiße Flaumbasis und die schmaleren, dunkleren und gedrängten Kiemen unterscheiden diese Fälschung vom echten Champignon (<u>Abb. 28, Essbares Blatt</u>). Es begleitet manchmal die letztgenannte Pflanze, kann aber bei normaler Sorgfalt sofort entdeckt werden. Es wächst in *Wäldern* , aber auch auf Weiden und an Straßenrändern.

Ich glaube, ich wurde einmal in Bedfordshire dadurch vergiftet. Ich erinnere mich noch gut daran, wie ich eines Abends auf dem Heimweg eine Menge Champignons für das Abendessen sammelte; und da es dunkel war, vermute ich, dass ich beide Arten gesammelt habe. Ich habe sie nicht selbst gekocht und auch nicht untersucht, nachdem ich sie aus dem Korb genommen hatte; Aber beim Abendessen bemerkte ich, dass sie ungewöhnlich scharf waren, und ich dachte, die alte Frau, die sie gekocht hatte, hätte zu viel Pfeffer in den Eintopf gegeben. Ich habe die Pilze nie vermutet.

Etwa eine halbe Stunde nachdem ich sie zu mir genommen hatte, begann mein Kopf zu schmerzen, mein Gehirn zu schwirren und mein Hals und mein Magen zu brennen, als ob sie mit Feuer in Berührung gekommen wären. Nachdem ich einige Stunden krank gewesen war, setzte ein schrecklicher Anfall von Erbrechen und Erbrechen ein, der mich jedoch bald wieder auf die Beine zu bringen schien; denn nach etwa einem Tag ging es mir nicht schlechter.

Stinkende Waldhexe. <u>Abb. 31.</u>

(*Phallus impudicus.*) 914.

Dies ist eine großartige Zierde für unsere Wälder, aber seine wirklich schrecklichen Ausdünstungen lassen sich kaum beschreiben; Die Nasenorgane bemerken seine Anwesenheit aus großer Entfernung, und wenn man sich ihnen nähert, ist der abscheuliche Geruch unbeschreiblich abstoßend. Fliegen scheinen es jedoch sehr zu genießen; denn diese *Phalli* sind stets mit Fliegen bedeckt, die gierig die duftende und flüssige Mahlzeit an der Spitze des Stängels verschlingen. Am häufigsten kommt es an waldreichen Orten im Norden Londons vor, den ganzen Sommer über bis zum Spätherbst.

Wäre diese Art nicht wirklich gefressen worden, während auf diesem Blatt mehrere andere einzigartige, anstößige und gefährliche Pilze abgebildet sind, wäre es kaum nötig gewesen, sie überhaupt zu benennen oder darauf hinzuweisen.

DAS ENDE.

The linked image cannot be displayed. The file may have been moved, renamed, or deleted. Verify that the link points to the correct file and location.

- 35 -